MÉMOIRE

SUR

LA GRAISSE DES VINS.

Cet Ouvrage se trouve chez les Libraires suivans :

à Paris, chez
- COLAS, rue Dauphine, n.° 32.
- CROCHARD, rue de Sorbonne, n.° 3.
- DENTU, rue des petits Augustins, n.° 9.
- M.me HUZARD, rue de l'Eperon, n.° 7.
- MÉQUIGNON-MARVIS, rue de l'École de Médecine, n.° 9.
- TREUTTEL et WURTZ, rue de Bourbon, n.° 17.

à Amiens, chez CARON-BERQUIER.
à Bordeaux, chez MELON.
à Dijon, chez COQUET.
à Grenoble, chez BARATTIER frères.
à Lille, chez CASTIAUX.
à Lyon, chez BLACHE. CORMON.
à Marseille, chez MOSSY.
à Metz, chez DEVILLY. GERSON-LEVY jeune. LEVY aîné. THIEL.
à Orléans, chez MONCEAU.
à Rouen, chez FLEURY.
à Strasbourg, chez LEVRAULT. TREUTTEL et WURTZ.

Ouvrage nouveau du même Auteur.

Avis aux parens sur la nouvelle méthode perfectionnée d'Enseignement élémentaire, mutuel et simultané, adoptée par le Gouvernement Français, avec l'application de cette méthode à l'enseignement des jeunes filles.

In-12, avec planches et tableau. Paris, 1818.

Prix papier commun. . 1 fr. 50 c.
Id. papier vélin . . . 2 fr. 25 c.

Se trouve chez les Libraires désignés ci-dessus.

DE

LA GRAISSE DES VINS,

DES PHÉNOMÈNES DE CETTE MALADIE,

DE SES CAUSES,

DES MOYENS D'Y REMÉDIER,

ET DE CEUX DE LA PRÉVENIR;

SUIVIS

DE LA COMPARAISON CHIMIQUE DES MOYENS PROPOSÉS, AVEC CEUX QUI SONT INDIQUÉS PAR LES ŒNOLOGISTES ET LES CHIMISTES LES PLUS HABILES.

Mémoire qui a remporté le prix proposé par la Société d'Agriculture, Commerce, Sciences et Arts du département de la Marne, dans sa séance publique du 26 août 1818.

PAR J. CH. HERPIN,

Membre de la Société pour l'Encouragement de l'industrie nationale, de la Société littéraire de Metz, de celle des Amis des Arts, de la Société d'Agriculture, Sciences et Arts du département de la Marne, de la Société pour l'amélioration de l'instruction élémentaire de Paris, de celle du département de la Moselle, etc.... et de plusieurs autres Sociétés savantes, nationales et étrangères.

IMPRIMÉ PAR ORDRE DE LA SOCIÉTÉ.

Seconde édition revue par l'Auteur.

A CHALONS-SUR-MARNE,

CHEZ BONIEZ-LAMBERT, IMPRIMEUR-LIBRAIRE;

Et à METZ, chez l'AUTEUR, rue Fournirue.

1819.

Les exemplaires non revêtus de la signature de l'Auteur au bas de la page suivante, doivent être regardés comme contrefaits.

A

Messieurs les Membres

composant

la Société d'Agriculture,

Commerce, Sciences et Arts

du département de la Marne.

Hommage et reconnaissance de l'Auteur.

DE

LA GRAISSE DES VINS,

DES PHÉNOMÈNES DE CETTE MALADIE,

DE SES CAUSES,

DES MOYENS D'Y REMÉDIER,

ET DE CEUX DE LA PRÉVENIR;

SUIVIS

DE LA COMPARAISON CHIMIQUE DES MOYENS PROPOSÉS, AVEC CEUX QUI SONT INDIQUÉS PAR LES ŒNOLOGISTES ET LES CHIMISTES LES PLUS HABILES.

Mémoire qui a remporté le Prix proposé par la Société d'Agriculture, Commerce, Sciences et Arts du département de la Marne, dans sa séance publique du 26 août 1818.

Si la Nature s'égare, c'est à l'art à la redresser.

PREMIÈRE QUESTION.

Qu'est-ce *que la graisse des vins, quelle est la nature de cette maladie, et quels phénomènes présente-t-elle ?*

§ 1. La *Graisse* du *Vin* est une sorte de décomposition spontanée qui donne à cette liqueur une consistance *grasse*, semblable à celle de l'huile.

Le vin qui en est attaqué devient plat et fade ; il jaunit quand on le verse ; il file comme de l'huile; perd sa fluidité naturelle pour prendre une consistance *lintescente*, *huileuse* ; il n'a qu'une saveur faible ; il se met difficilement en écume quand on l'agite; il est très-indigeste, et incommode ceux qui le boivent.

§ 2. On connaît encore cette altération sous les expressions de *tourner au gras*, *filer*.

§. 3. Cette maladie attaque les vins pendant leur fermentation insensible : elle est d'autant plus nuisible que, dans cette altération comme dans celle qui forme le vinaigre, l'alcool ou esprit déjà formé se détruit pour subir de nouvelles combinaisons ; car les vins *gras*, soumis à la distillation, ne donnent qu'une petite quantité d'eau-de-vie qui est grasse et colorée. Les eaux-de-vie tirées de ces vins sont de mauvaise qualité, et d'un goût d'autant plus empyreumatique que le vin distillé est plus mucilagineux et plus semblable aux vins de grains.

Cette maladie (1), examinée chimiquement, est déterminée par l'oxigène en moins, relativement à l'hydrogène et au carbone.

§. 4. La bière, la décoction de noix de galle et les autres liquides où le principe extractif (2) est en abondance, sont sujets à cette maladie.

§. 5. Dans les vins de Champagne, les dépôts blancs ou jaunâtres sont les plus dangereux : au moindre mouvement, ils se répandent dans le vin, soit en flocons, soit en

---

(1) MANDEL, *Mémoires de la Société d'agriculture de la Marne*, page 91. 1813.

(2) La nature de l'extractif et par suite le rôle qu'il joue dans la vinification n'étant pas encore connus, nous n'avons pas cru devoir nous écarter des principes émis par les Œnologistes modernes.

masses épaisses, et le plus souvent en filandres grasses qui traversent le liquide en tous sens. La présence de ce dépôt annonce que le vin est gras; il file comme de l'huile, et a perdu sa mousse et son agrément.

§. 6. On remarque que les vins blancs tournent rarement à la graisse quand ils sont en *cercles*, tandis que cela leur arrive fréquemment quand ils sont dans des bouteilles, même les mieux fermées : on n'en est que trop convaincu en Champagne, où toute la récolte mise dans le verre contracte souvent cette funeste altération.

§. 7. On connaît qu'un vin deviendra gras, lorsqu'il ne se précipitera plus de *tartre* dans les tonneaux, que le vin se décolorera ou jaunira; ce qui annonce qu'il ne se forme plus d'alcool par la fermentation insensible, et même que celui qui existait se perd, parce que la substance colorante dont l'alcool était le dissolvant se précipite en partie.

On prétend (1) que le vin gras se conserve plus long-temps que lorsqu'il est sain. Je ne le crois pas. Le vin ainsi troublé passe facilement à la *pousse* ou à l'*acide*.

DEUXIÈME QUESTION.

Quelles sont les causes de cette maladie?

§. 8. Une juste proportion dans les principes constituans du vin, forme son état de *santé* et de *vie*; et pour qu'il ne péche pas par ses qualités bienfaisantes, il faut que les parties qui le composent soient si bien proportionnées et coordonnées entre elles, que l'une ne préjudicie pas à l'autre.

§. 9. Tous les vins sont plus ou moins sujets à cette maladie.

---

(1) *Encyclopédie alphabétique.* }
Dictionnaire de l'industrie. } mot VIN.

Ceux qu'elle attaque principalement, sont:

Les moins spiritueux,

Les vins faibles qui ont *trop* ou *trop peu* fermenté,

Les vins faibles faits avec des raisins égrappés.

§. 10. On croit communément que cette maladie est une suite de la trop grande maturité du raisin, et plusieurs propriétaires devancent leur vendange par cette raison : il faut convenir que cela peut y contribuer; mais la véritable cause provient de ce qu'on ne laisse pas assez cuver (1) les vins, afin de leur donner plus de montant, et pour mieux conserver l'*arôme*, ce qu'on appelle communément le *bouquet :* aussi est-ce principalement aux vins blancs que cet accident arrive le plus fréquemment, parce qu'on les met en

---

(1) Ou plutôt *fermenter ;* car la fermentation peut avoir été très-complète, sans que le vin ait *cuvé* pendant long-temps.

bouteilles avant qu'ils aient subi les diverses périodes de la fermentation. On a vu en Champagne, la moitié d'une cuve tirée au mois de mars après la vendange, passer à la graisse ; tandis que l'autre moitié, mise en bouteilles au mois de septembre suivant, est constamment restée dans le même état (1).

§. 11. Il est évident, d'après la nature des causes qui déterminent la graisse des vins, d'après les phénomènes que présente cette maladie et les différens moyens employés pour la guérir, que cette altération provient :

1.° Du principe extractif qui n'a pas été suffisamment élaboré et décomposé.

2.° De ce qu'il n'a pas rencontré assez de principe salin pour le tenir en dissolution.

3.° De ce qu'il (l'extractif) est devenu dans un état d'insolubilité.

---

(1) PARMENTIER, *Bulletin de Pharmacie*, n.° 10, pag. 440.

TROISIÈME QUESTION.

Quels sont les moyens de prévenir cette maladie ?

§. 12. D'après les causes que nous venons d'assigner de cette maladie §. 9, 11, il ne doit pas être difficile de trouver les moyens de la prévenir. Pour y obvier sûrement, il faut :

§. 13. 1.° Ne point égrapper entièrement lorsque le raisin est dans un état de maturité complète et absolue : il vaut mieux couper les raisins moins mûrs que pourris, afin de laisser à l'extractif plus de dissolvant. « La grappe sobrement employée, dit Maupin (1), peut non-seulement servir à la fermentation ; mais elle peut, dans certains cas, améliorer les vins faibles, en les relevant, et en leur donnant, avec les autres principes, plus de fermeté et un caractère vineux qui manque à beaucoup de vins. »

---

(1) *Essai sur la Bonification des Vins*, 1771, pag. 167.

§. 14. 2.° Donner à la fermentation le temps juste qui lui est nécessaire, ensorte qu'elle ne soit ni trop incomplète ni trop prolongée. « L'huile (1), continue Maupin, est d'autant plus atténuée, et il y en a d'autant moins dans le vin de raisins mûrs, que la fermentation a été plus forte, et qu'elle en a converti une plus grande quantité en esprit : j'en ai au surplus l'expérience par du vin de raisins entièrement égrappés qui s'est maintenu jusqu'au bout de deux ans qu'il a été consommé. »

Ce fait certain ne permet plus de douter de la nécessité de laisser cuver plus long-temps les vins qui ont une tendance à la graisse, et que ce ne soit le plus sûr moyen de prévenir cette maladie (2), en écartant la cause qui la détermine. §. 10.

---

(1) Les anciens croyaient qu'il y a de l'huile dans le vin.

(2) CADET DE VAUX, CHAPTAL, DUHAMEL, JULLIEN, MAUPIN, PARMENTIER, *Encyclopédie alphabétique* et *Encyclopédie méthodique*.

§. 15. Il est cependant très-important de soutirer le vin de la cuve avant la disparution totale du principe sucré, et avant que la fermentation soit totalement terminée; mais il faut l'achever et la perfectionner dans les tonneaux.

§. 16. Enfin, un moyen très-utile, en général, pour empêcher la détérioration des vins, est de les rajeunir en combinant, à doses utiles, des vins fermes avec des vins tendres, des vins déjà anciens avec de plus nouveaux.

QUATRIÈME QUESTION.

Quels sont les moyens de guérir cette maladie ?

§. 17. D'après ce que nous venons de dire, le meilleur remède pour guérir cette maladie est celui qui en attaque les principes et en détruit les causes : il doit donc avoir les propriétés suivantes :

1.° Qu'il rétablisse dans le vin une nouvelle fermentation.

2.° Qu'il lui restitue le principe salin qui lui manque.

3.° Qu'il ajoute au vin le principe sucré nécessaire pour la fermentation et pour la formation de l'alcool.

4.° Qu'il dissolve les substances solubles.

5.° Qu'il précipite les substances insolubles.

6.° Enfin, qu'il soit peu coûteux.

§. 18. Le seul moyen qui réunisse toutes ces propriétés, est le *sur-deuto-tartrate de potassium* (tartrite acidule de potasse) vulgairement appelé *crême de tartre*, délayé avec du sucre brut dans une quantité suffisante de vin ; ce qui se fait de la manière suivante :

§. 19. Prenez, pour un baril de la contenance de trois hectolitres, environ quatre litres de vin, soit de celui qui est gras ou d'un autre ; faites le chauffer jusqu'à ébulition, mettez-y de deux à quatre hectogrammes

(six à douze onces) de *sur-deuto-tartrate de potassium* (crême de tartre) bien pur, ou environ, selon le degré d'altération du vin; ajoutez-y autant de sucre brut; lorsqu'ils seront bien dissous, surtout le tartre, jetez ce mélange tout chaud dans le tonneau qui contient le vin gras. Remettez le bondon et assujettissez-le, soit avec une cheville, soit avec une chaîne de fer; faites à côté un *fausset* de quatre millimètres (deux lignes) de diamètre: lorsque le tonneau sera bien bouché, roulez-le et agitez-le en tout sens, pendant cinq à six minutes, remettez-le en place et tournez le bondon en *dessous.*

Si pendant l'opération, l'on s'apercevait que le vin pressât trop sur les fonds du tonneau, et qu'ils courussent risque de sauter, on laisserait échapper un peu de gaz (un peu d'air) par le fausset, mais le moins possible; car c'est le *gaz acide carbonique* qui dissout le principe végéto-animal qui occasionnait la graisse.

Après un jour ou deux, retournez le tonneau, collez le vin à la manière ordinaire; mais au lieu de le brouiller à bondon ouvert comme cela se pratique ordinairement, assujettissez le bondon avec la chaîne comme dans l'opération précédente, agitez le tonneau pendant quelques minutes, remettez-le à sa place, le bondon tourné en *dessus*, mais néanmoins maintenu avec la chaîne. S'il est encore nécessaire de laisser échapper un peu de gaz (d'air) on ouvrira le fausset, mais le moins possible.

Au bout de quatre ou cinq jours, le vin sera clair, sec, limpide et absolument dégraissé, sa couleur sera revivifiée, il aura acquis de la qualité et il sera bonifié : mais comme le vin souffre à rester sur le dépôt, il faudra le soutirer; le vin alors ne sera plus sujet à devenir gras.

§. 20. Si l'on avait de la lie fraîche d'un vin généreux et sain, il serait très-bon de la mettre dans le tonneau de vin gras, en y mettant toujours le *sur-deuto-tartrate de potassium* et le sucre comme nous l'avons dit; mais on pourrait en diminuer la quantité d'un quart ou d'un tiers.

§. 21. Si le vin gras est en bouteilles, il faut le transvaser dans un tonneau, et opérer comme ci-dessus.

§. 22. *Raisonnement.* Ce procédé est, et doit être le plus sûr et le plus infaillible pour guérir cette maladie du vin, parce qu'il en attaque les causes.

§. 23. Le vin n'ayant pas subi les diverses périodes de la fermentation, il faut de nouveau le faire fermenter. La nouvelle fermentation nécessaire pour recomposer le vin, ne peut s'exciter qu'autant qu'il existerait encore dans ce vin du sucre non décomposé; or, comme il est probable qu'il n'en existe plus, nous y mettons du sucre, ou du moût très-sucré, et chaud, qui favorise la fermentation, d'où résulte de l'alcool (ou esprit) qui bonifie le vin, et du gaz acide carbonique qui dissout l'extractif.

§. 24. L'extractif ne peut pas être dissous par le gaz acide carbonique seul ; il faut qu'il rencontre encore un principe acide, salin, capable de le tenir en dissolution : ce principe salin est le *sur-deuto-tartrate de potassium*, l'acide naturel du vin, que l'on retire du *vin-pierre* qui se trouve attaché aux parois des tonneaux. Il sert encore de ferment qui établit un mouvement qui accélère cette dissolution. D'ailleurs, il fournit l'oxigène nécessaire pour établir l'équilibre entre l'hydrogène et le carbone. (1)

§. 25. L'altération du vin au gras est souvent produite par des principes qui lui sont essentiels. Il est donc intéressant d'employer des moyens propres à les redissoudre, et non

---

(1) *Mémoires de la Société d'Agriculture de la Marne*, 1813.

ceux qui peuvent les précipiter, sans quoi le vin diminuerait sensiblement de qualité. Aussi ne précipitons-nous par la colle que dix ou douze heures après l'agitation, afin de donner aux principes le temps de se recombiner.

§. 26. Il vaut infiniment mieux rouler et agiter le tonneau en fermant le bondon, que de brouiller le liquide avec un bâton fendu; parce que, le bondon étant ouvert, il laisse échapper le gaz acide carbonique qui est très-précieux, le remède ne pouvant avoir d'effet qu'autant qu'il existe en assez grande quantité pour dissoudre le principe végéto-animal, cause de l'altération; et il ne peut en exister assez lorsque l'altération est portée à un certain point.

§. 27. L'expérience a vérifié au-delà de mes espérances une conjecture fondée sur la théorie; et plusieurs sommeliers à qui j'ai indiqué cette préparation, m'ont déclaré n'avoir jamais rien vu qui pût être employé avec autant de succès, surtout pour la bonification du vin. Quoique l'Encyclopédie méthodique (tome 8, Arts et Métiers, page 621) fasse connaître combien il est avantageux de mettre du *sur-deuto-tartrate de potassium* dans le vin, elle ne l'indique pas contre la graisse : voyez aussi ibidem, (page 630) l'inconvénient de laisser sortir le gaz des tonneaux.

COMPARAISON du moyen proposé ci-dessus comme le plus efficace, avec ceux qui sont indiqués dans les ouvrages des chimistes et des œnologistes les plus habiles, et autres.

§. 28. Comme le vin qui n'est pas très-gras peut, par un mouvement intestin, aidé de l'action de l'air, se rétablir de lui-même au bout de quelques mois, il ne faut pas s'étonner si l'on a annoncé comme merveilleux des remèdes souvent contraires à cette maladie.

1.° « On rétablit le vin qui file, en le collant avec de la colle de poisson et des blancs d'œufs mêlés ensemble. » (1)

2.° « Les marchands de vin emploient quelquefois l'eau-de-vie qui fait précipiter la matière mucilagineuse. »

3.° « Ils emploient quelquefois des copeaux de hêtre ou de chêne, ou des grappes de raisins séchés qu'ils mettent dans le vin; leur effet vient de ce que les copeaux ou les grappes fournissent une certaine quantité de matière astringente et acerbe, qui fait précipiter la matière mucilagineuse. » (2)

4.° « Le moyen que l'on emploie, est de mettre de l'alun et du sable chaud dans le tonneau. » (3)

---

(1) CHAPTAL, CADET DE VAUX. *Art de faire le Vin.*

(2) JAUBERT. *Diction. des Arts et Métiers*, *mot* Cabaretier.

(3) { *Dictionn. de l'industrie*, *mot* Vin.
CHOMEL. *Dictionn. économique*, *mot* ibid.

5.° « Prenez des raiforts, raves ou radis, et après les avoir bien pelés, raclez-les bien menus, et jetez-les dans votre tonneau. » (1)

6.° « Il faut prendre deux onces de belle colle de poisson, la couper en fort petits morceaux, puis la faire fondre dans une chopine de vin blanc, sans la mettre sur le feu, la remuer de temps en temps; étant fondue, la passer dans un linge blanc mouillé et la jeter dans le tonneau par le trou de la bonde; ensuite attacher une serviette au bout d'un bâton, la faire entrer dans le tonneau, la bien remuer dans le vin, la tirer, la tordre, la remettre de même deux ou trois fois pour en ôter ce qui y sera attaché; et, après avoir laissé reposer, le vin se clarifiera et sera sec. » (2)

---

(1) *Dictionn. de l'industrie*, CHOMEL. ALBERT moderne, *Secrets de la nature.*

(2) *Maison rustique*, 8.e édition, tome 2, p. 445.
Théâtre d'agricul. de LIGER, 1713, pag. 515.

7.° « Il y en a qui, pour dégraisser le vin, prennent un quarteron d'alun blanc bien pulvérisé, et deux ou trois poignées de ciment ou de sable bien chaud et bien fricassé qu'ils mettent dans le tonneau, ensuite ils remuent fortement le vin pendant un quart d'heure avec un bâton fendu en quatre. » (1)

§. 29. Ces moyens ne peuvent que précipiter, et ils n'opèrent la clarification des vins que lorsqu'ils sont troubles, et que le trouble est occasionné par des substances hétérogènes qui ne peuvent se précipiter d'elles-mêmes, à raison de leur division : mais la mucosité des moyens proposés réunissant les molécules, leur donne assez de pesanteur pour en déterminer la précipitation, et par suite la clarification de la liqueur ; mais ils n'ont pas le moindre effet sur la graisse proprement dite ; d'ailleurs, ils précipitent

(1) *Maison rustique. Dictionnaire de l'industrie.* CHOMEL, *Dictionnaire économique.*

les principes du vin qui lui sont nécessaires comme ceux qui sont inutiles, et par-là en diminuent considérablement la qualité.

§. 30. Les moyens suivans ont pour but de favoriser la recombinaison des principes.

1.° Très-souvent les vins se rétablissent d'eux-mêmes, surtout si le tonneau est débouché; « probablement parce que le principe acidifiant contenu dans l'air (l'oxigène) s'est introduit dans la liqueur, et a agi comme dissolvant. » (1)

2.° « Une petite agitation suffit quelquefois.

3.° « Le vin gras se dégraisse plutôt à l'air qu'à la cave; il se remettra en huit jours dans un grenier bien aëré, plutôt qu'en six mois dans une bonne cave; l'alternative de la température du jour et de la nuit, et surtout la chaleur, en facilitant l'action du prin-

---

(1) MANDEL. *Mémoires de la Société d'agriculture de la Marne*, 1813.

cipe salin, excite un mouvement qui souvent rétablit le vin. » (1)

4.° « Quand le vin en tonneau tourne à la graisse, il faut le coller et bien l'agiter avec un bâton fendu, et le soutirer quelques jours après ; s'il est encore gras, on réitère deux ou trois fois.

S'il est en bouteilles, il faut le transvaser. (2) »

5.° « On agite la bouteille pendant un quart d'heure, on la débouche ; le gaz enchaîné, immobile, devient libre et s'échappe avec mousse et fumée. » (3)

§. 31. Ce moyen quoiqu'indiqué par les meilleurs auteurs, est absolument contraire aux principes que nous avons avancés plus haut, et même aux préceptes émis dans leurs

---

(1) Cadet de Vaux, Chaptal.

(2) Jullien, *Manuel du Sommelier*. Valmont de Bomare, *Dictionnaire d'histoire naturelle*. *Verbo*. Vigne.

(3) Cadet de Vaux, Chaptal, Chomel.

ouvrages. Nous pensons qu'il ne faut laisser échapper que le moins possible de gaz ; et c'est par cette raison que nous agitons le tonneau même, et que nous tournons le bondon vers la terre.

6.° « Si le vin péche par excès d'*huile*, il est bon d'y jeter du sel commun, à raison d'une ou deux pintes par muid, avec un ou deux verres de bonne eau-de-vie d'Orléans. » (1)

7.° « Les marchands de vin mettent dans le tonneau un morceau de viande fraîche; cette viande, en fermentant, rend au vin un *air* surabondant qui lui manque. » (2)

8.° « D'autres prennent du sel commun, de la gomme arabique et de la cendre de sarment, une demi-once; ils mettent le tout dans un sachet qu'ils attachent à un bâton de

---

(1) Duhamel, du Monceau, *Traité de la vigne*. Maupin, *Expérience sur la bonification des vins*.

(2) *Dictionnaire de l'industrie*, *Verb.* Vin.

coudrier, et, l'ayant introduit dans le tonneau, ils agitent le vin pendant un quart-d'heure. Après cela, ils retirent le sachet et bouchent bien le tonneau. » (Eprouvé., dit l'Encyclopédie méthodique). (1)

9.° « Il y en a qui, pour dégraisser le vin, prennent deux litrons de blé ou de farine de blé, les fricassent dans une poële jusqu'à ce qu'ils soient roux; ensuite ils jettent dessus un demi-setier de bonne eau-de-vie, versent le tout dans le vin et l'agitent, ce qui dégraisse le vin au parfait. » (2)

10.° « On dégraisse le vin en bouteilles, en introduisant dans chaque bouteille une ou deux gouttes de jus de citron, ou de tout autre acide, ou en le soufrant. » (3)

11.° « On peut accélérer le rétablissement des vins gras en les transvasant, si l'on est

---

(1) *Maison rustique. Secrets des arts et métiers. Encyclopédie méthodique, Arts et Métiers*, tom. 8.

(2) *Maison rustique.*

(3) CHAPTAL, CADET DE VAUX. *Dictionn. de l'industrie.*

pressé d'en faire usage. On répète l'opération plusieurs fois de suite, en ayant soin de verser le vin d'une certaine hauteur, afin que par son agitation il se mêle une grande quantité d'air atmosphérique dans la liqueur, §. 30. » (1)

12.° « Pour ramener le vin gras à son état naturel, il faut fouetter aux œufs ou à la colle les vins rouges et les tirer au clair, en observant de répéter chaque mois l'opération. Il est bien rare qu'il faille récidiver jusqu'à trois fois. Quant aux vins blancs, il est inutile de les fouetter, mais il faut les tirer au clair, ayant soin de faire brûler la moitié d'une allumette soufrée de Hollande dans la barique où on les transvase, et répéter l'opération deux ou trois fois, s'il est nécessaire, dans l'espace de deux mois. » (2)

13.° « Si le vin qui file est en bouteilles, il ne s'agit que de remplir de paille fraîche et

---

(1) Jullien, *Manuel du Sommelier*.

(2) Idem.

bien propre, un entonnoir avec lequel on transvasera les bouteilles pleines dans des bouteilles vides.

Il faut faire entrer dans l'entonnoir autant de paille qu'il sera possible pour le remplir, et ensuite on versera le vin sur la paille, en observant d'élever la bouteille pleine, au moins à un pied de hauteur, pendant l'opération du soutirage, §. 30.

Si le vin qui file est en pièce, on le soutirera dans une autre avec la même méthode, c'est-à-dire en mettant beaucoup de paille brisée dans l'entonnoir adapté à la pièce qui doit recevoir le vin soutiré. » (1)

14.° « Enfin, le moyen qui est indiqué comme le plus infaillible, est de passer le vin gras sur la lie d'un tonneau fraîchement vidé, d'en faire le mélange exact par l'agitation, au moyen d'un bâton fendu; huit jours après qu'il est reposé, on le soutire au clair dans

---

(1) *Encyclopédie méthodique*, Arts et Métiers, tome 8.

une autre pièce; on le clarifie, s'il est rouge, et on le colle, s'il est blanc. » (1)

§. 32. Ce dernier moyen, joint à ce que nous avons indiqué, §. 20, peut être bon, et économiser plus ou moins de substances employées.

§. 33. On voit que tous ces remèdes ne doivent avoir que peu de valeur, n'ayant d'autre effet que de rétablir la fermentation qui ne suffit pas si la dégénération est portée à un certain point. La qualité stiptique et astringente de l'alun, et les ingrédiens employés, peuvent être très-nuisibles à la santé, tout en ne guérissant pas encore la maladie du vin; le *deuto-hydrochlorate de sodium* (le sel commun) que l'on emploie quelquefois, ne peut être comparé au *sur-deuto-tartrate de potassium* (tartre), qui est le sel naturel que le vin a perdu, et qui lui manque.

(1) *Bibliothèque physico-économique*, 1785, tome 1.er— *Affiches de Province*, 1784, n.o 4.— *Encyclopédie méthodique*, Arts et Métiers, tome 8.— JULLIEN, *Manuel du Sommelier*.— *Bulletin de pharmacie*, n.° 10, page 440.— *Mémoire de* PARMENTIER.

CONCLUSION.

Il résulte de nos observations :

§. 34. 1.° Que la graisse du vin provient de la dissolution imparfaite du principe extractif ou végéto-animal; laquelle vient de ce que le vin n'a pas assez fermenté. §. 9, 10, 11.

§. 35. 2.° Que le moyen le plus sûr et le plus infaillible de guérir cette maladie, est le *sur-deuto-tartrate de potassium* (crème de tartre), mêlé à une certaine quantité de sucre brut et préparé convenablement. §. 18, 19, 20, 21, 22, 23, 24, 25, 26.

§. 36. 3.° Que tous les moyens proposés jusqu'à présent sont infructueux, en ce qu'ils précipitent les principes essentiels du vin, ou qu'ils occasionnent une nouvelle fermentation, qui, quoique bonne, est insuffisante si la dégénération est un peu avancée, et qu'ils laissent échapper le gaz acide carbonique dont la présence est très-nécessaire. §. 28, 29, 30, 31, 32, 33.

§. 37. 4.° Que les moyens de prévenir cette maladie, sont :

1.° De ne pas entièrement égrapper, lorsque la maturité des raisins est complète.

2.° De ne soutirer le vin de la cuve que lorsque la fermentation est *presque* achevée.

3.° De mélanger les vins qui ont de la disposition au gras. §. 13, 14, 15, 16.

N. B. L'Auteur et la Société d'Agriculture du Département de la Marne, invitent les Propriétaires de vignes et les Négocians en vins, à multiplier sur diverses espèces de vins, l'expérience des procédés proposés dans cette dissertation, et à leur faire part des résultats qu'ils auront obtenus.

RAPPORT

Lu à la Société d'Agriculture du département de la Marne, dans sa séance du 17 août 1818.

MESSIEURS,

Vous avez renvoyé à l'examen d'une Commission composée de MM. GOBET, FRANÇOIS et MOIGNON, un Mémoire qui vous a été adressé, sous le titre de *Dissertation sur la Graisse du vin*, avec cette épigraphe : *Si la Nature s'égare, c'est à l'art à la redresser.*

Avant de vous rendre compte de ce mémoire, la commission croit devoir vous rappeler les dispositions de votre Programme. Elles sont ainsi conçues :

La Société « continue d'offrir des prix d'encouragement à ceux qui auront trouvé et expérimenté des moyens pour la guérison de la graisse des vins. Elle n'exige pas de mémoires scientifiques, et se contentera d'une description clairement détaillée des procédés employés, se réservant d'en faire la vérification. »

L'Auteur du mémoire que nous examinons, ne s'est point borné à remplir les conditions du programme, il a fait plus que vous n'avez demandé.

Il fait d'abord connaître la nature de la maladie du vin qui est passé à la graisse; il en développe les causes, les effets; et, des principes généraux, il déduit les moyens de curation. Sa théorie est saine et éclairée, et nous paraît celle d'un homme vraiment exercé, et fort habile dans la science chimique.

Il indique ensuite le procédé dont il se sert pour guérir la maladie des vins qui ont passé à la graisse; et il annonce que différens tonneliers auxquels il a communiqué ce procédé, en ont, comme lui obtenu un succès constant.

Il consiste à employer le *sur-deuto-tartrate de potassium* ou tartrite acidule de potasse uni à partie égale de sucre, à la dose de deux à quatre hectogrammes (six à douze onces) pour trois cents litres de liqueur.

Il fait dissoudre la quantité donnée dans quatre litres de vin bouillant. Il fait jeter ce mélange chaud dans le vin malade avec les précautions nécessaires pour conserver le gaz et prévenir le danger de rupture des futailles.

Le moyen indiqué par l'Auteur se rapproche beaucoup de celui de M.r Mandel auquel vous avez décerné une médaille de première classe ; il est perfectionné par l'addition du sucre qui aide à la formation de l'alcool, par la méthode employée pour la conservation du gaz.

Ce mémoire qui est écrit avec ordre, netteté, précision, nous paraît ne rien laisser à désirer, et s'il eût concouru avec celui de M.r Mandel, il eut, au jugement de la Commission, obtenu la préférence.

Après avoir fait connaître son procédé, l'Auteur rassemble et expose dans un court espace tous ceux qui sont épars dans les différens ouvrages relatifs à l'œnologie. Il offre par conséquent un grand avantage et une grande commodité à ceux qui voudraient expérimenter différens moyens.

Votre Commission a trouvé que l'Auteur avait rempli votre intention en donnant un bon procédé pour détruire la graisse du vin.

Qu'il avait de plus le mérite d'avoir recueilli et rassemblé les différens procédés connus.

Et enfin celui d'avoir fait un bon mémoire, et répandu les notions les plus saines et le plus grand jour sur la question.

En conséquence, elle vous propose à l'unanimité :

1.° D'accorder à l'Auteur une Médaille d'encouragement de première classe :

2.° De faire disparaître pour l'avenir ce sujet de prix de vos programmes ;

3.° D'arrêter que ce Mémoire fera partie de vos impressions.

Signé MOIGNON, GOBET et FRANÇOIS.

LA SOCIÉTÉ adopte les conclusions du présent rapport, en arrêtant que l'impression du Mémoire dont il s'agit, sera précédée d'une note ayant pour objet d'inviter les négocians en vins et les principaux propriétaires de vignes à répéter les expériences qui s'y trouvent indiquées, à diverses reprises et sur diverses espèces de vins ; et à nous faire part de leurs observations.

Le Président de la Société,

DUBOYS-DESSAUZAIS.

Le Secrétaire de la Société,

B.É BRISSON.

www.ingramcontent.com/pod-product-compliance
Ingram Content Group UK Ltd.
Pitfield, Milton Keynes, MK11 3LW, UK
UKHW021316190726
13839UKWH00007B/1904

9 782329 596624